Anzahlen bestimmen

1

5 4 2 3 1 6

2

 4

5 2 3 6 1

3

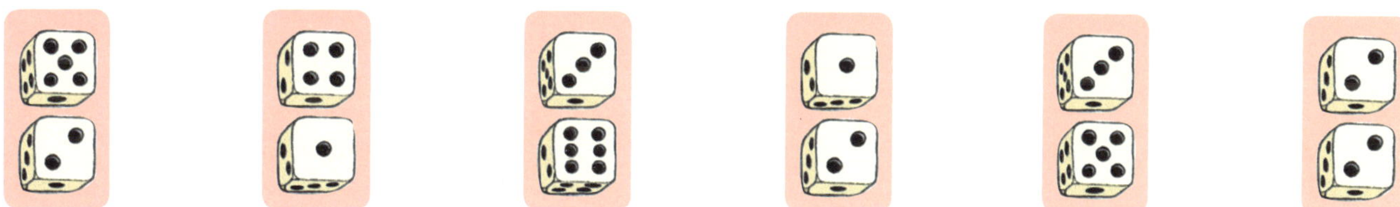

5 7 8 9 4 3

Anzahlen bestimmen

1

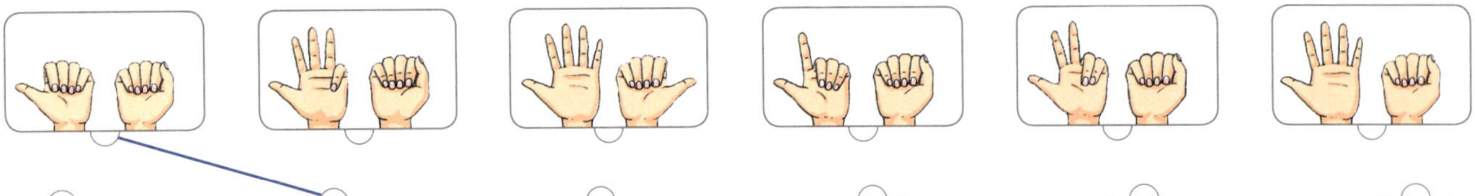

4 1 6 3 2 5

2

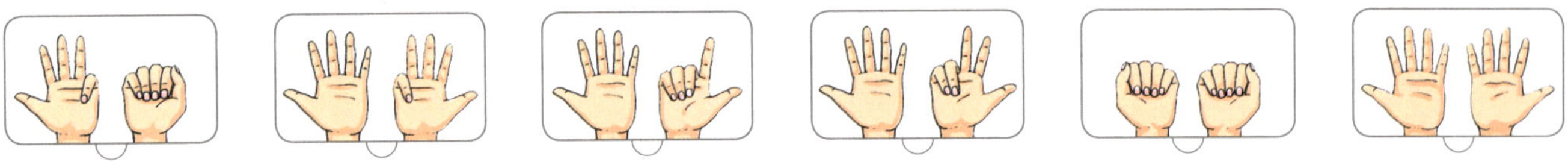

4 7 8 9 10 0

3

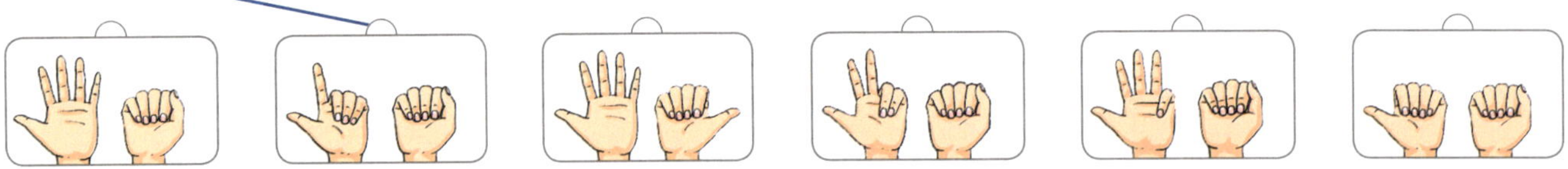

1

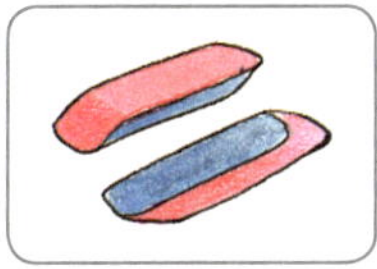

2
3
4
5

1
2
3
4

2
3
4
5

2

4
5
6
7

5
6
7
8

6
7
8
9

Anzahlen bestimmen

Ziffernschreibkurs: eins und zwei

1

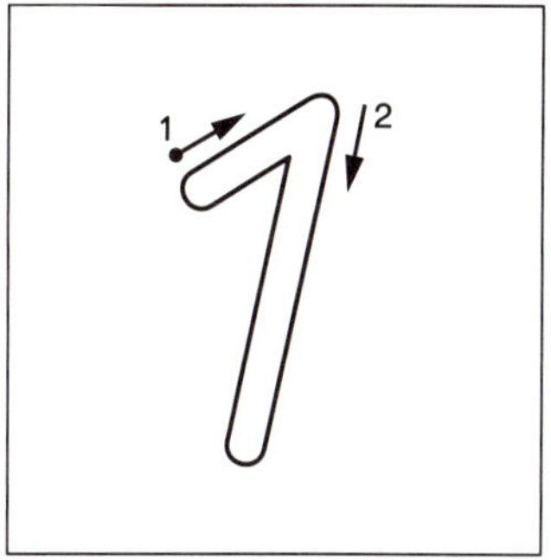

2

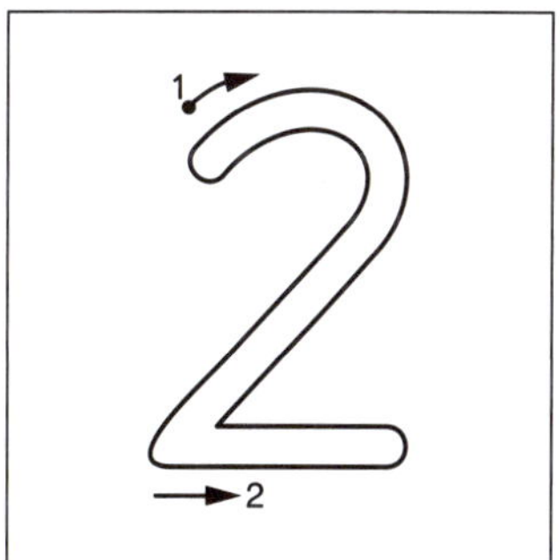

1

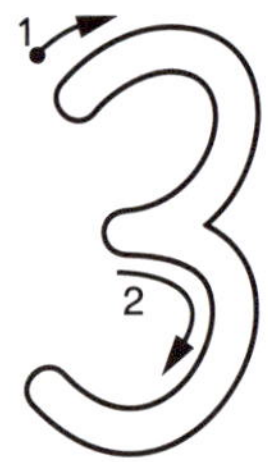

2

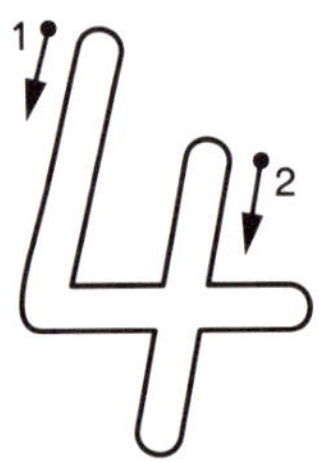

Ziffernschreibkurs: fünf und sechs

1

2

Ziffernschreibkurs: sieben und acht

1

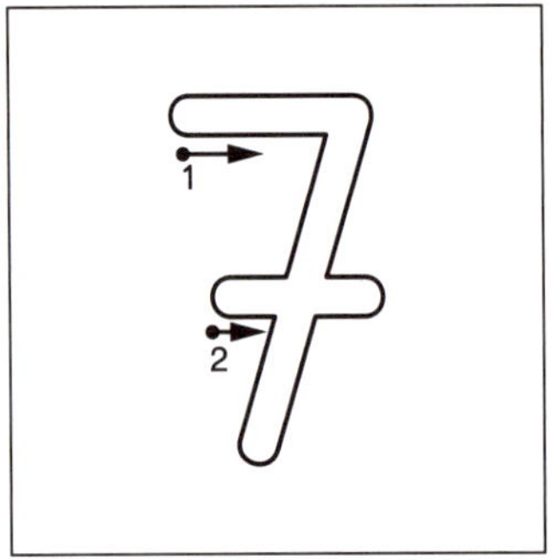

2

Ziffernschreibkurs: neun und null

1

2

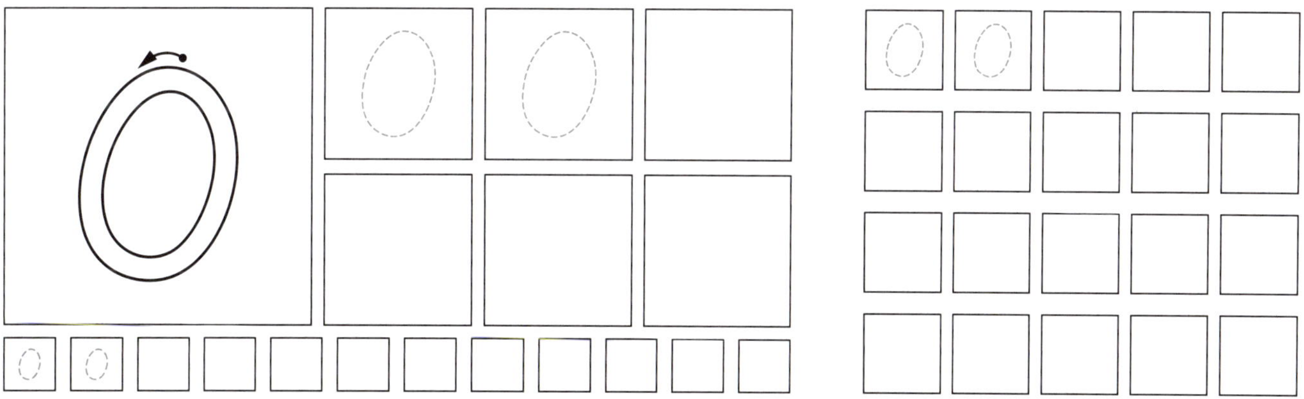

Schnellblick am Zehnerfeld

1

4

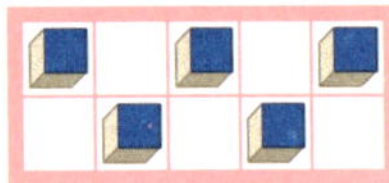

___

___

___

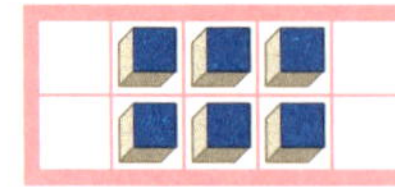

___

2

___

___

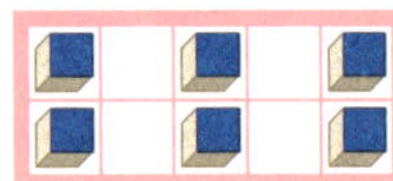

___

___

___

3

___

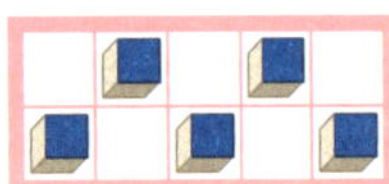

___

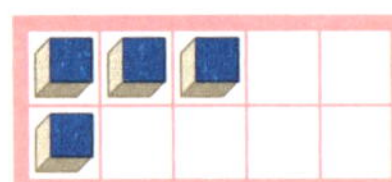

___

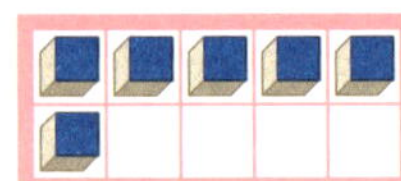

___

___

4

___

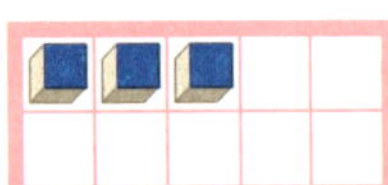

___

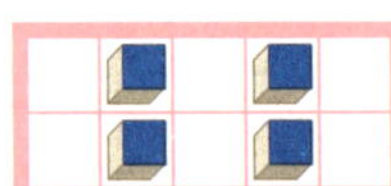

___

___

Zahlen am Zehnerfeld

1

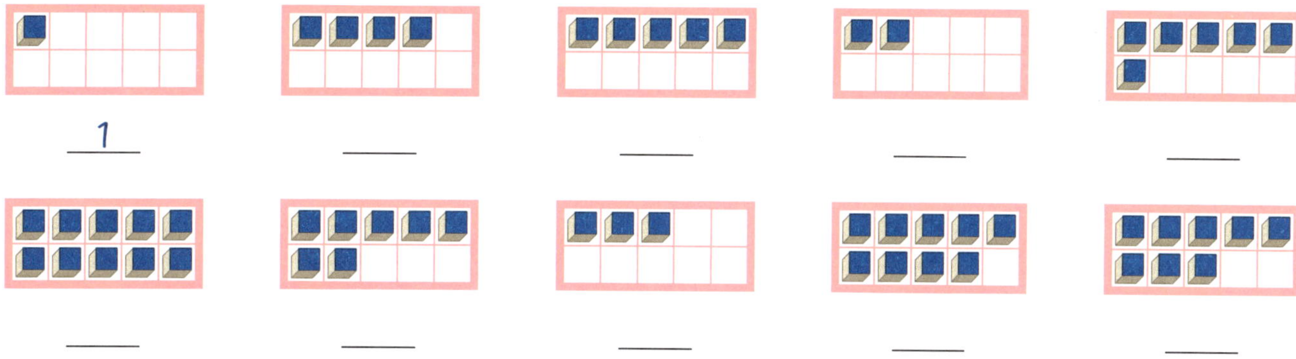

2

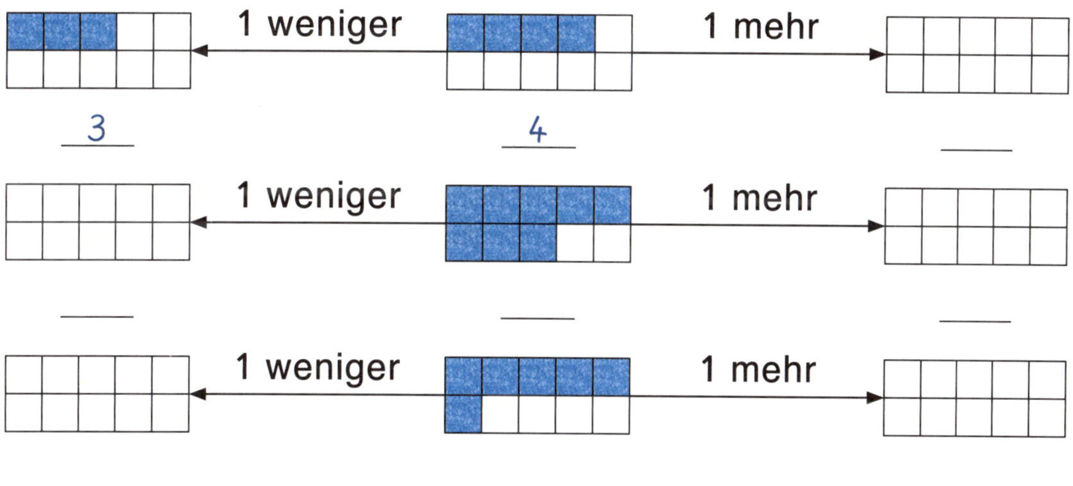

Zahlenreihe

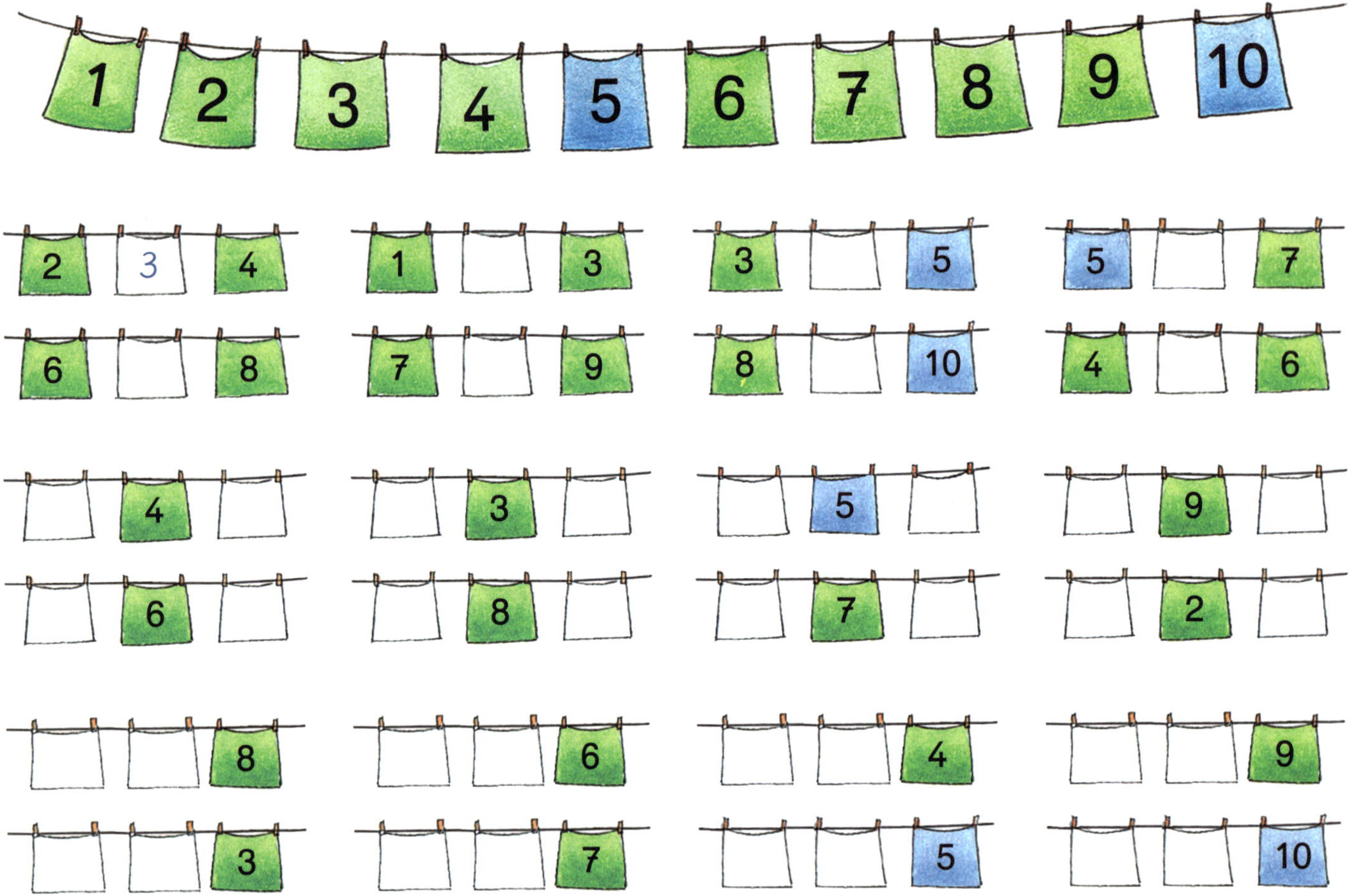

1 Wie geht es weiter?

2	3	4	5
7	8		
5			
3			

4			
1			
6			
		9	

	4		
		6	
	8		
			10

2 Wie geht es weiter?

2	3		5
5	6		
4			
3			

7			
			7
			10
		6	

			5
			8
			4
			9

1 Welche Zahl ist größer?

2	5	4	2	3	1	3	6	6	4
5	4	1	2	6	5	4	3	2	3

2 Welche Zahl ist größer?

7	4	6	2	8	5	7	9	0	10

3 Welche Zahl ist kleiner?

2	5	6	3	4	1	1	5	2	6
2	3	4	5	3	4	2	1	6	5

1 (<), (=), (>)?

3 ○ 6	7 ○ 6	4 ○ 6	5 ○ 5	8 ○ 8	0 ○ 1	2 ○ 6
3 ○ 1	7 ○ 1	6 ○ 4	8 ○ 9	5 ○ 1	3 ○ 0	4 ○ 1
3 ○ 9	7 ○ 9	6 ○ 6	7 ○ 0	9 ○ 9	9 ○ 7	6 ○ 7
3 ○ 5	7 ○ 5	4 ○ 5	1 ○ 5	5 ○ 7	9 ○ 5	3 ○ 3
3 ○ 2	7 ○ 2	6 ○ 5	8 ○ 2	5 ○ 2	8 ○ 6	9 ○ 4

2 Male die passenden Zahlen an.

4	(<)	3	4	5	6	7
6	(<)	5	6	7	8	9
7	(<)	5	6	7	8	9
3	(<)	2	3	4	5	6
5	(<)	2	3	4	5	6

4	(>)	3	4	5	6	7
5	(>)	0	1	2	3	4
7	(>)	5	6	7	8	9
6	(>)	5	6	7	8	9
3	(>)	0	1	2	3	4

(1)

___ + ___
___ + ___

(2)

___ + ___
___ + ___
___ + ___

(3)

___ + ___
___ + ___
___ + ___
___ + ___

(4)

___ + ___
___ + ___
___ + ___
___ + ___
___ + ___

(5)

___ + ___
___ + ___
___ + ___
___ + ___
___ + ___
___ + ___

(6)

___ + ___
___ + ___
___ + ___
___ + ___
___ + ___
___ + ___
___ + ___

(7)

___ + ___
___ + ___
___ + ___
___ + ___
___ + ___
___ + ___
___ + ___
___ + ___

1

8

___ + ___
___ + ___
___ + ___
___ + ___
___ + ___
___ + ___
___ + ___
___ + ___
___ + ___

9

___ + ___
___ + ___
___ + ___
___ + ___
___ + ___
___ + ___
___ + ___
___ + ___
___ + ___
___ + ___

10

___ + ___
___ + ___
___ + ___
___ + ___
___ + ___
___ + ___
___ + ___
___ + ___
___ + ___
___ + ___
___ + ___

2 Zusammen 5

4 + ___	___ + 0
2 + ___	___ + 3
5 + ___	___ + 4
1 + ___	___ + 2

3 Zusammen 10

4 + ___	___ + 2
7 + ___	___ + 6
9 + ___	___ + 7
3 + ___	___ + 4
0 + ___	___ + 5
8 + ___	___ + 1

Schreibe die Aufgabe. Rechne.

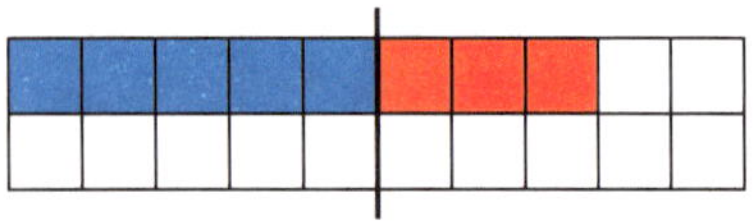

5 + 3 = 8

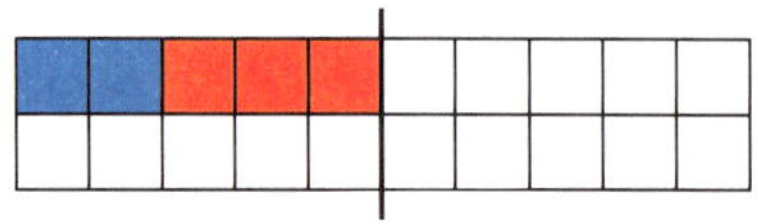

2 + ___ = ___

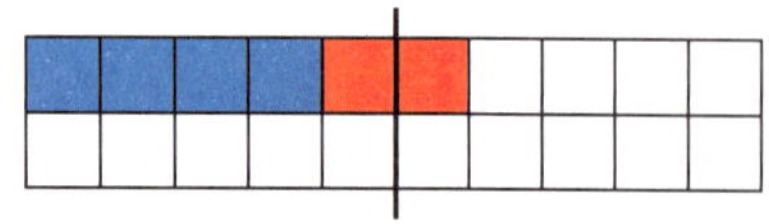

___ + ___ = ___

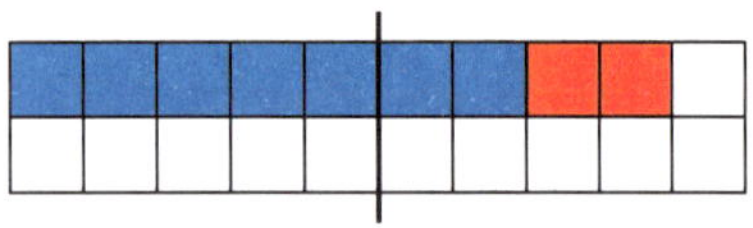

___ + ___ = ___

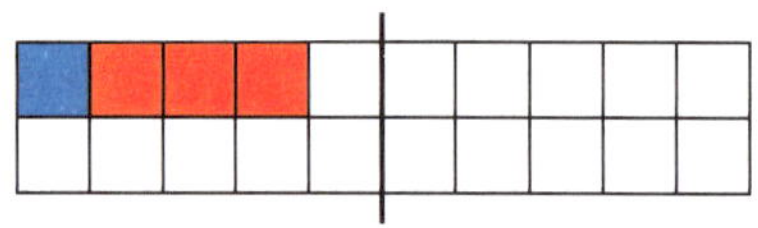

___ + ___ = ___

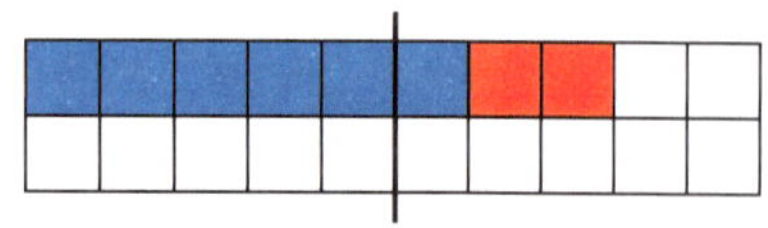

___ + ___ = ___

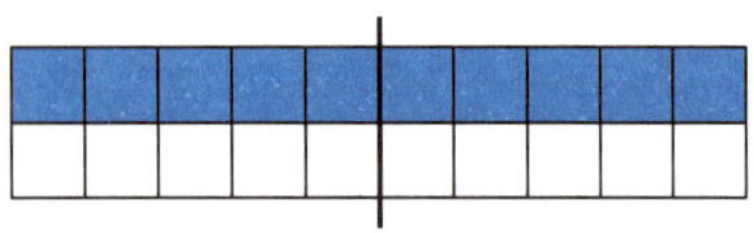

___ + ___ = ___

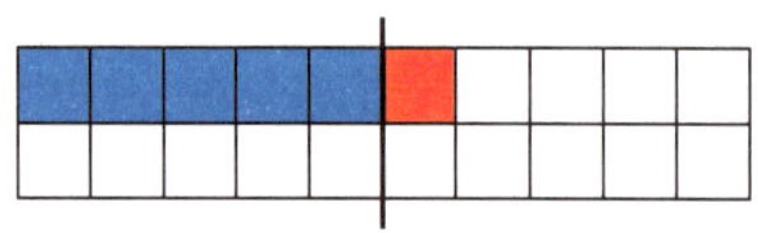

___ + ___ = ___

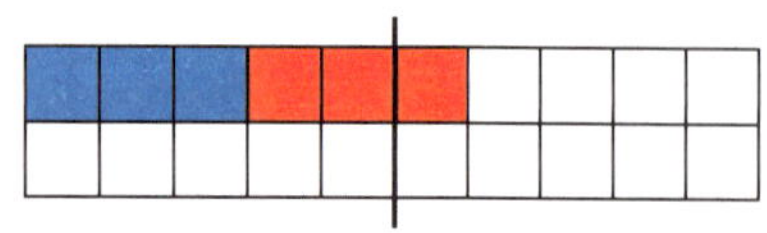

___ + ___ = ___

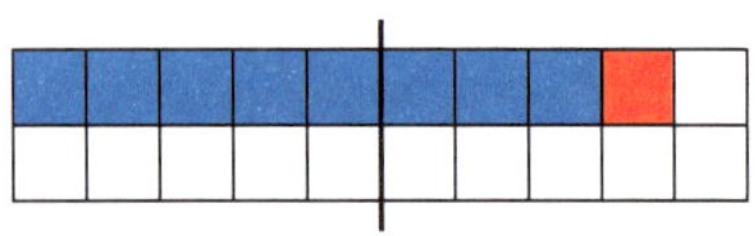

___ + ___ = ___

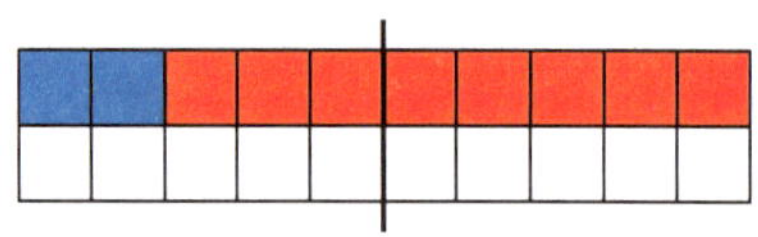

___ + ___ = ___

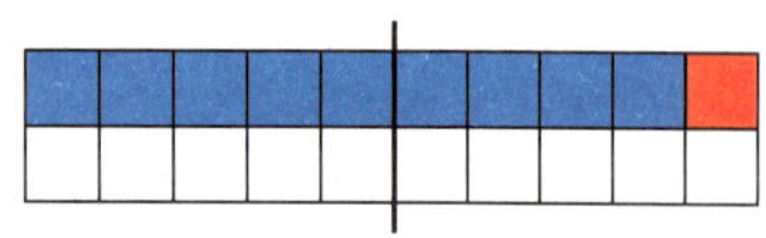

___ + ___ = ___

1

4 + 2 = ___	6 + 4 = ___	2 + 7 = ___	4 + 4 = ___
5 + 3 = ___	4 + 5 = ___	0 + 8 = ___	3 + 5 = ___
1 + 7 = ___	8 + 1 = ___	3 + 6 = ___	3 + 3 = ___
3 + 4 = ___	1 + 9 = ___	8 + 2 = ___	1 + 5 = ___

2

2 + 4 = ___	4 + 3 = ___	5 + 1 = ___	6 + 1 = ___
2 + 5 = ___	4 + 4 = ___	5 + 2 = ___	6 + 2 = ___
2 + 6 = ___	4 + 5 = ___	5 + 3 = ___	6 + 3 = ___
2 + 8 = ___	4 + 6 = ___	5 + 5 = ___	6 + 4 = ___

3

9 + 1 = ___	7 + 0 = ___	1 + 5 = ___
8 + 2 = ___	5 + 2 = ___	3 + 3 = ___
7 + 3 = ___	1 + 6 = ___	0 + 6 = ___

1

3 + ___ = 5	1 + ___ = 6
6 + ___ = 7	2 + ___ = 7
4 + ___ = 8	3 + ___ = 8
2 + ___ = 6	4 + ___ = 9

2

6 + ___ = 8	5 + ___ = 9
2 + ___ = 5	6 + ___ = 9
1 + ___ = 6	7 + ___ = 9
9 + ___ = 10	8 + ___ = 9

3

___ + 3 = 8	7 + ___ = 9
___ + 6 = 9	___ + 4 = 5
___ + 4 = 6	6 + ___ = 8
___ + 5 = 8	___ + 7 = 10
___ + 2 = 3	5 + ___ = 7
___ + 3 = 7	___ + 1 = 6
___ + 8 = 9	2 + ___ = 8

4

2 + ___ = 10	___ + 3 = 10
5 + ___ = 10	___ + 9 = 10
8 + ___ = 10	___ + 7 = 10
6 + ___ = 10	___ + 0 = 10
4 + ___ = 10	___ + 2 = 10
1 + ___ = 10	___ + 4 = 10
10 + ___ = 10	___ + 5 = 10

1

3 + 6 = 9 8 + 1 = ___ 2 + 4 = ___ 4 + 6 = ___

6 + 3 = ___ 1 + 8 = ___ 4 + 2 = ___ 6 + 4 = ___

7 + 2 = ___ 3 + 7 = ___ 3 + 0 = ___

2 + 7 = ___ 7 + 3 = ___ 0 + 3 = ___

2

5 + 2 = ___ 3 + 2 = ___ 4 + 5 = ___

2 + 5 = ___ ___ + ___ = ___ ___ + ___ = ___

7 + 0 = ___ 2 + 6 = ___ 5 + 3 = ___

___ + ___ = ___ ___ + ___ = ___ ___ + ___ = ___

1 + 5 = ___ 4 + 3 = ___ 2 + 8 = ___ 1 + 9 = ___

___ + ___ = ___ ___ + ___ = ___ ___ + ___ = ___ ___ + ___ = ___

Schreibe die Aufgabe. Rechne.

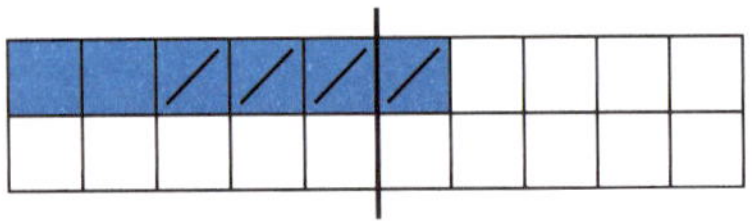

6 – 4 = 2

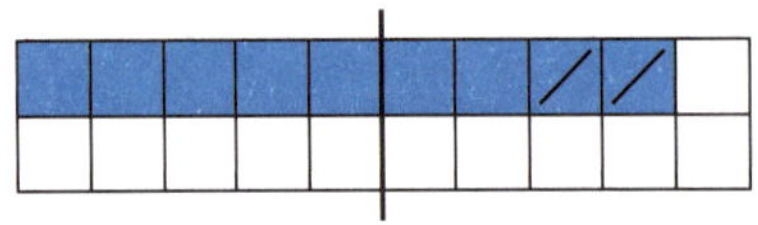

9 – ___ = ___

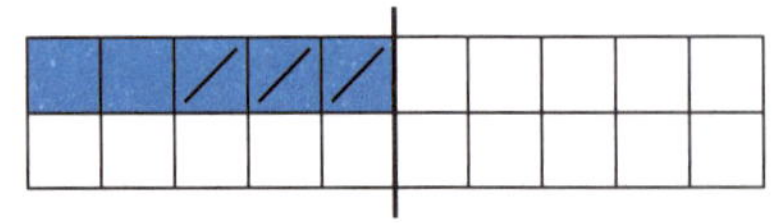

___ – ___ = ___

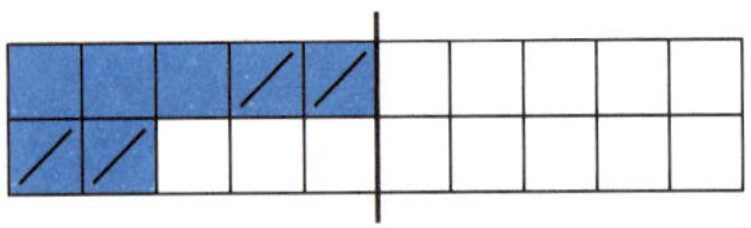

___ – ___ = ___

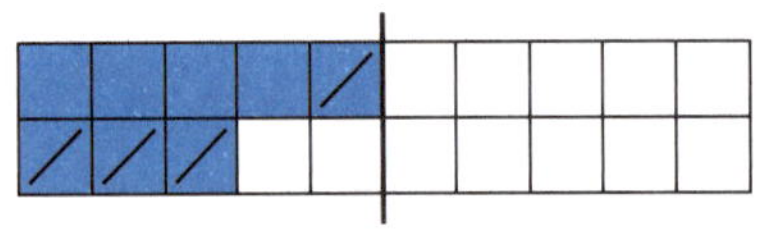

___ – ___ = ___

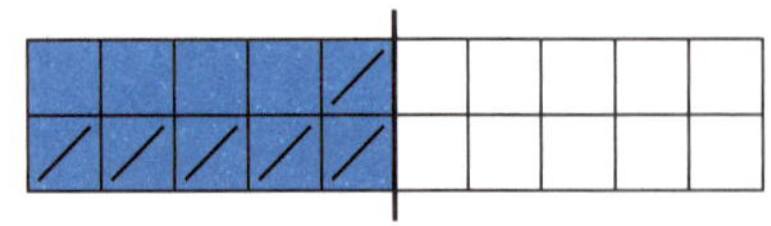

___ – ___ = ___

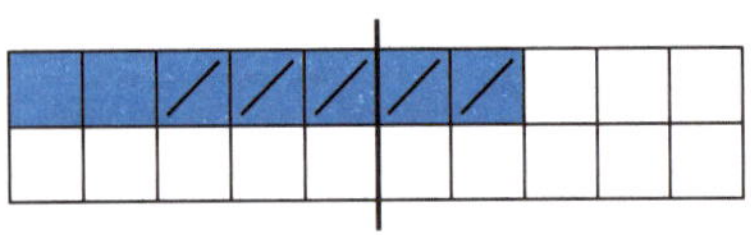

___ – ___ = ___

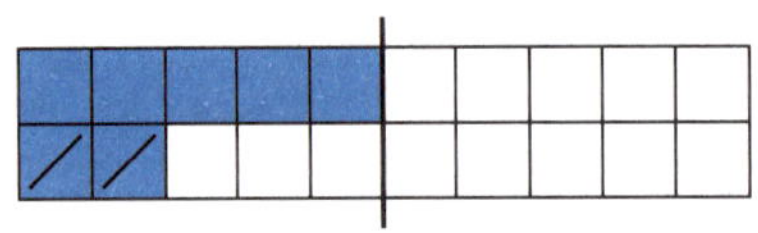

___ – ___ = ___

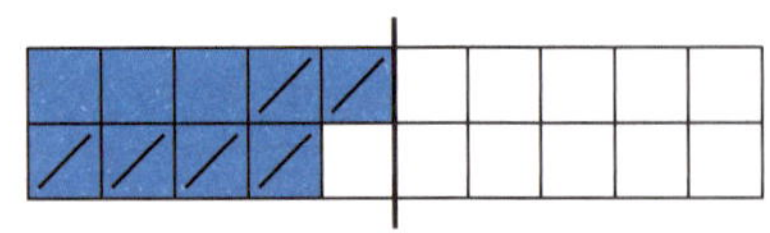

___ – ___ = ___

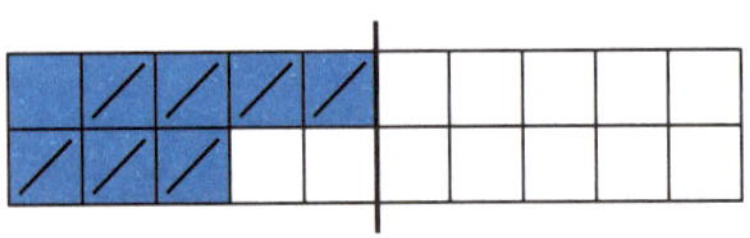

___ – ___ = ___

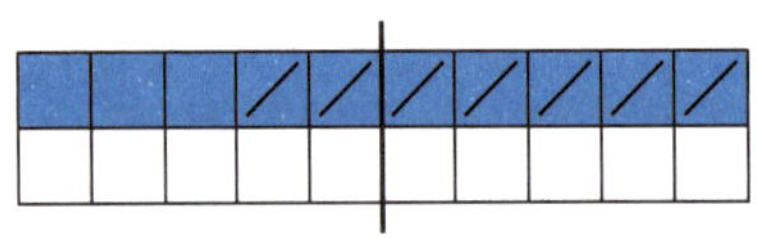

___ – ___ = ___

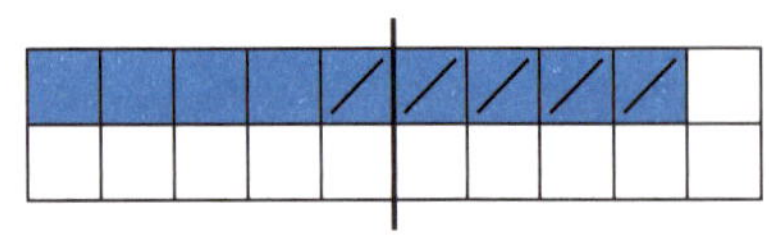

___ – ___ = ___

Minusaufgaben

Male an, streiche durch und rechne.

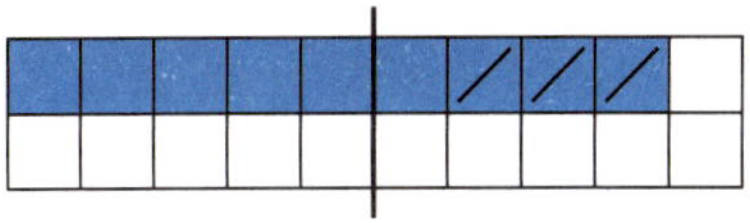

9 – 3 = 6

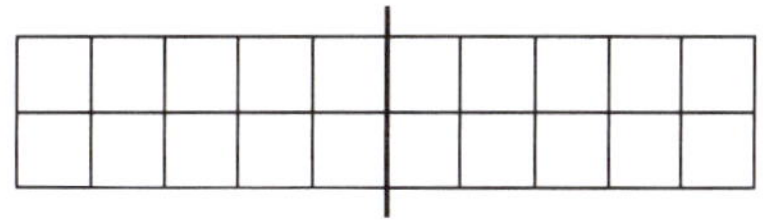

5 – 4 = ___

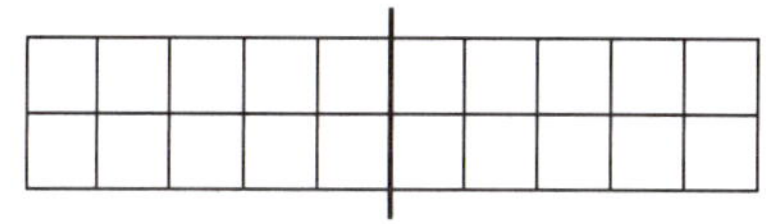

8 – 5 = ___

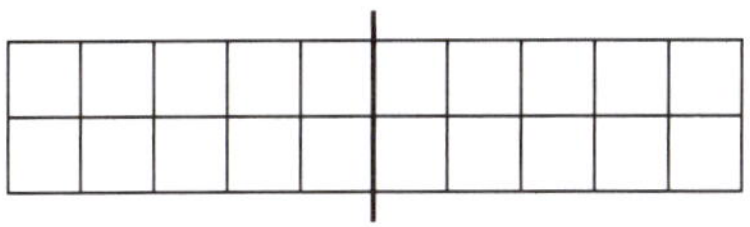

7 – 6 = ___

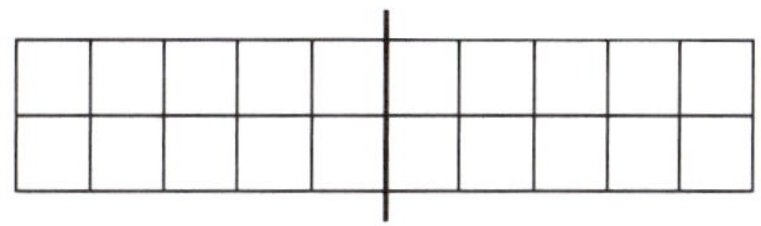

10 – 5 = ___

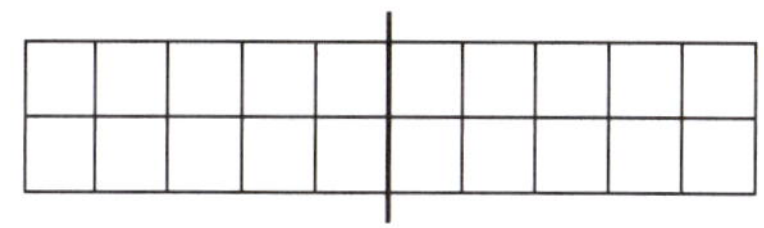

9 – 4 = ___

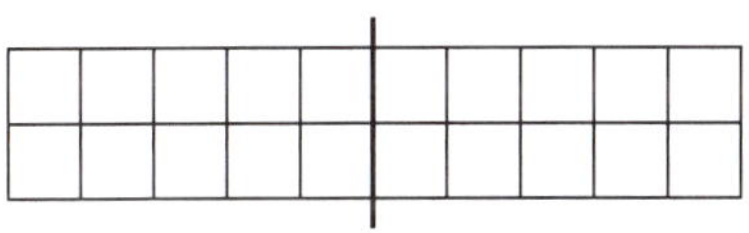

6 – 6 = ___

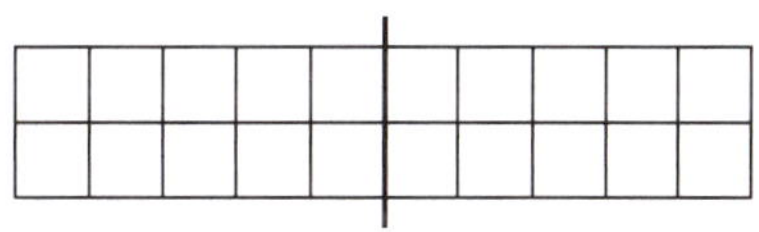

8 – 3 = ___

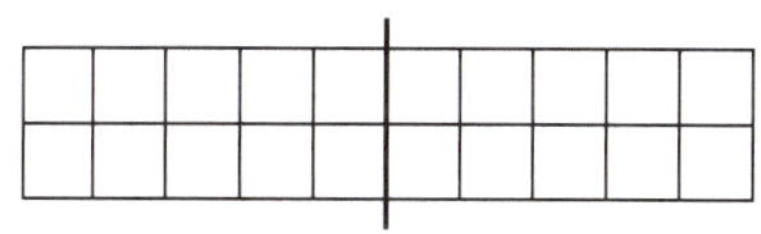

10 – 8 = ___

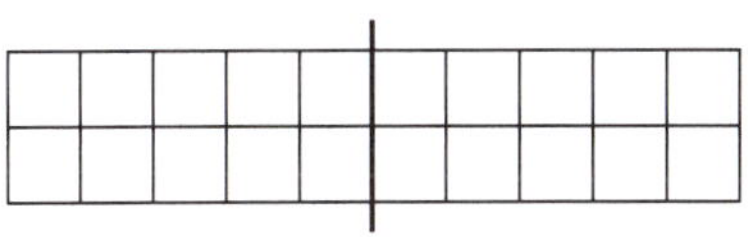

10 – 4 = ___

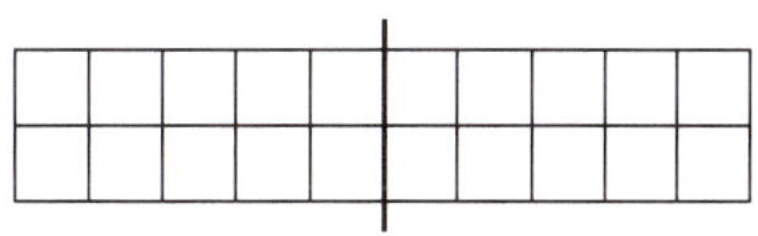

9 – 7 = ___

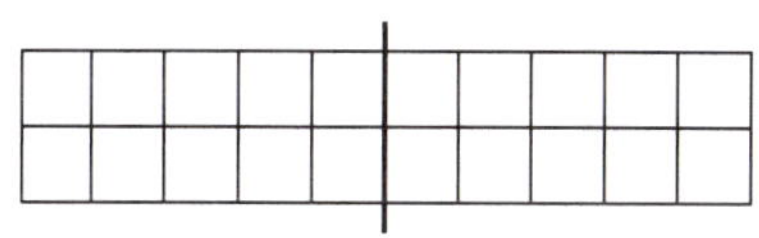

7 – 3 = ___

1

6 – 2 = 4
6 – 3 = ___
6 – 4 = ___
6 – 5 = ___
6 – 6 = ___

7 – 4 = ___
7 – 3 = ___
7 – 2 = ___
7 – 1 = ___
7 – 0 = ___

2

9 – 2 = ___
9 – 3 = ___
9 – 4 = ___
9 – 5 = ___
9 – 6 = ___

10 – 5 = ___
10 – 6 = ___
10 – 7 = ___
10 – 8 = ___
10 – 9 = ___

3

7 – 3 = ___
6 – 2 = ___
3 – 3 = ___
5 – 2 = ___
8 – 4 = ___
2 – 1 = ___

9 – 1 = ___
8 – 2 = ___
5 – 3 = ___
9 – 0 = ___
4 – 2 = ___
7 – 4 = ___

4

8 – 5 = ___
9 – 6 = ___
8 – 3 = ___
6 – 1 = ___
7 – 5 = ___
5 – 0 = ___

9 – 8 = ___
10 – 3 = ___
10 – 4 = ___
10 – 2 = ___
8 – 7 = ___
4 – 4 = ___

Minusaufgaben

1

8 – 5 = ___
4 – 1 = ___
5 – 2 = ___
6 – 0 = ___
7 – 2 = ___

8 – 4 = ___
9 – 6 = ___
8 – 1 = ___
4 – 3 = ___
5 – 3 = ___

9 – 9 = ___
6 – 5 = ___
7 – 4 = ___
8 – 6 = ___
8 – 8 = ___

2

10 – 3 = ___
10 – 0 = ___
10 – 9 = ___
10 – 2 = ___
10 – 4 = ___

3

5 – ___ = 4
6 – ___ = 4
6 – ___ = 1
5 – ___ = 3
9 – ___ = 2
7 – ___ = 2

7 – ___ = 4
8 – ___ = 4
8 – ___ = 7
8 – ___ = 6
9 – ___ = 7
8 – ___ = 2

4

10 – ___ = 9
10 – ___ = 1
10 – ___ = 7
10 – ___ = 2
10 – ___ = 6
10 – ___ = 5

6 − 2 = 4
4 + 2 = 6

1

8 − 1 = 7	6 − 3 = ___	7 − 6 = ___
7 + 1 = ___	3 + 3 = ___	1 + 6 = ___

2

5 + 4 = 9	8 + 2 = ___	3 + 4 = ___	7 + 1 = ___
9 − 4 = ___	10 − 2 = ___	7 − 4 = ___	8 − 1 = ___

3

7 − 1 = ___	6 − 5 = ___	10 − 6 = ___	9 − 6 = ___
___ + 1 = 7	___ + 5 = 6	___ + 6 = 10	___ + 6 = 9

4

5 + 3 = ___	4 + 6 = ___	4 + 5 = ___	2 + 2 = ___
___ − 3 = 5	___ − 6 = 4	___ − 5 = 4	___ − 2 = 2

5

4 + 3 = ___	8 − 2 = ___	6 + 0 = ___	7 − 5 = ___
___ − 3 = 4	___ + 2 = 8	___ − 0 = 6	___ + 5 = 7

1

6 − 2 = ___	8 − 7 = ___	10 − 1 = ___	9 − 8 = ___
___ + ___ = ___	___ + ___ = ___	___ + ___ = ___	___ + ___ = ___

2

6 + 1 = ___	5 + 0 = ___	6 + 3 = ___	3 + 5 = ___
___ − ___ = ___	___ − ___ = ___	___ − ___ = ___	___ − ___ = ___

3

2 + 6 = ___	8 − 4 = ___	4 + 0 = ___	9 − 4 = ___
___ − ___ = ___	___ + ___ = ___	___ − ___ = ___	___ + ___ = ___

4

4 − 3 = ___	8 − 6 = ___	6 − 1 = ___
___ ◯ ___ = ___	___ ◯ ___ = ___	___ ◯ ___ = ___

5

3 + 7 = ___	7 + 2 = ___	5 + 2 = ___
___ ◯ ___ = ___	___ ◯ ___ = ___	___ ◯ ___ = ___

1

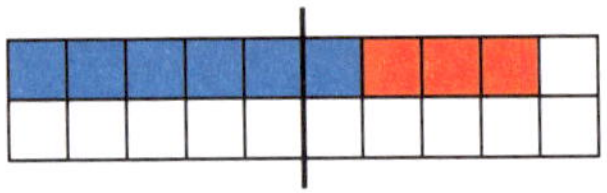

6 + 3 = ___

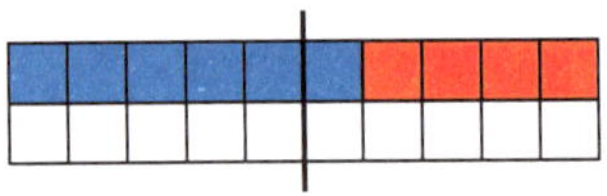

___ + ___ = ___

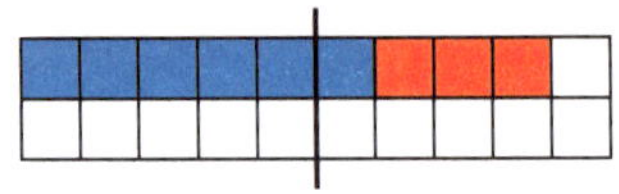

___ + ___ = ___

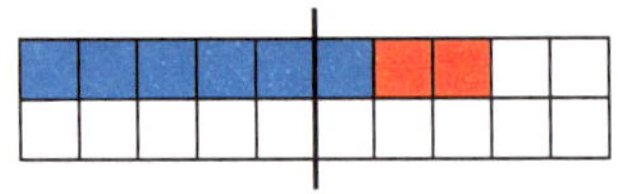

___ + ___ = ___

2 Markiere, was sich ändert. Rechne.

5 + 3 = 8
5 + (4) = 9

4 + 3 = ___
4 + 4 = ___

3 + 6 = ___
3 + 7 = ___

2 + 5 = ___
2 + 6 = ___

5 + 3 = ___
5 + 2 = ___

4 + 3 = ___
4 + 2 = ___

3 + 6 = ___
3 + 5 = ___

2 + 5 = ___
2 + 4 = ___

3 Markiere, was sich ändert. Rechne.

6 + 2 = ___
5 + 2 = ___

4 + 2 = ___
3 + 2 = ___

6 + 2 = ___
7 + 2 = ___

1 + 8 = ___
2 + 8 = ___

Aufgabenpaare

1

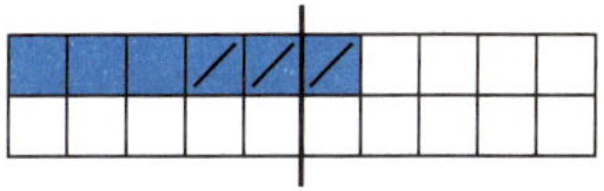

___ – ___ = ___

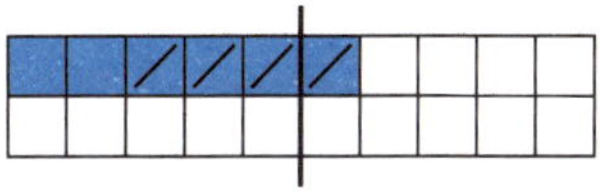

___ – ___ = ___

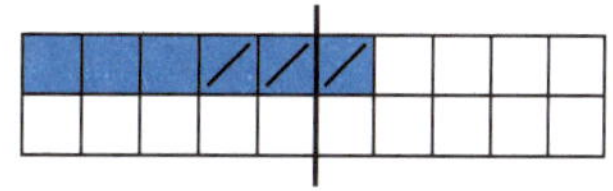

___ – ___ = ___

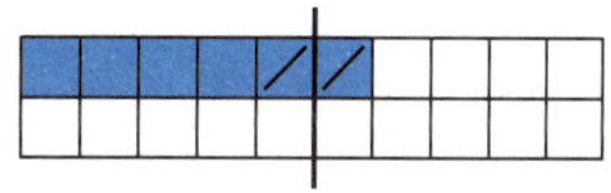

___ – ___ = ___

2 Markiere, was sich ändert. Rechne.

9 – 3 = ___

9 – 4 = ___

5 – 2 = ___

5 – 3 = ___

7 – 6 = ___

7 – 7 = ___

10 – 6 = ___

10 – 7 = ___

9 – 3 = ___

9 – 2 = ___

5 – 2 = ___

5 – 1 = ___

7 – 6 = ___

7 – 5 = ___

10 – 6 = ___

10 – 5 = ___

3 Markiere, was sich ändert. Rechne.

8 – 5 = ___

9 – 5 = ___

9 – 1 = ___

10 – 1 = ___

7 – 3 = ___

6 – 3 = ___

9 – 3 = ___

8 – 3 = ___

Rechendreiecke

7	3	2	10	9	5
2	4	5	6		
3	2	5			
1	3	7			
5	4	3			
1	5	5			
4	2	6			
3	7	3			
2	3	5			
9	0	1			
2	3	1			
0	3	7			

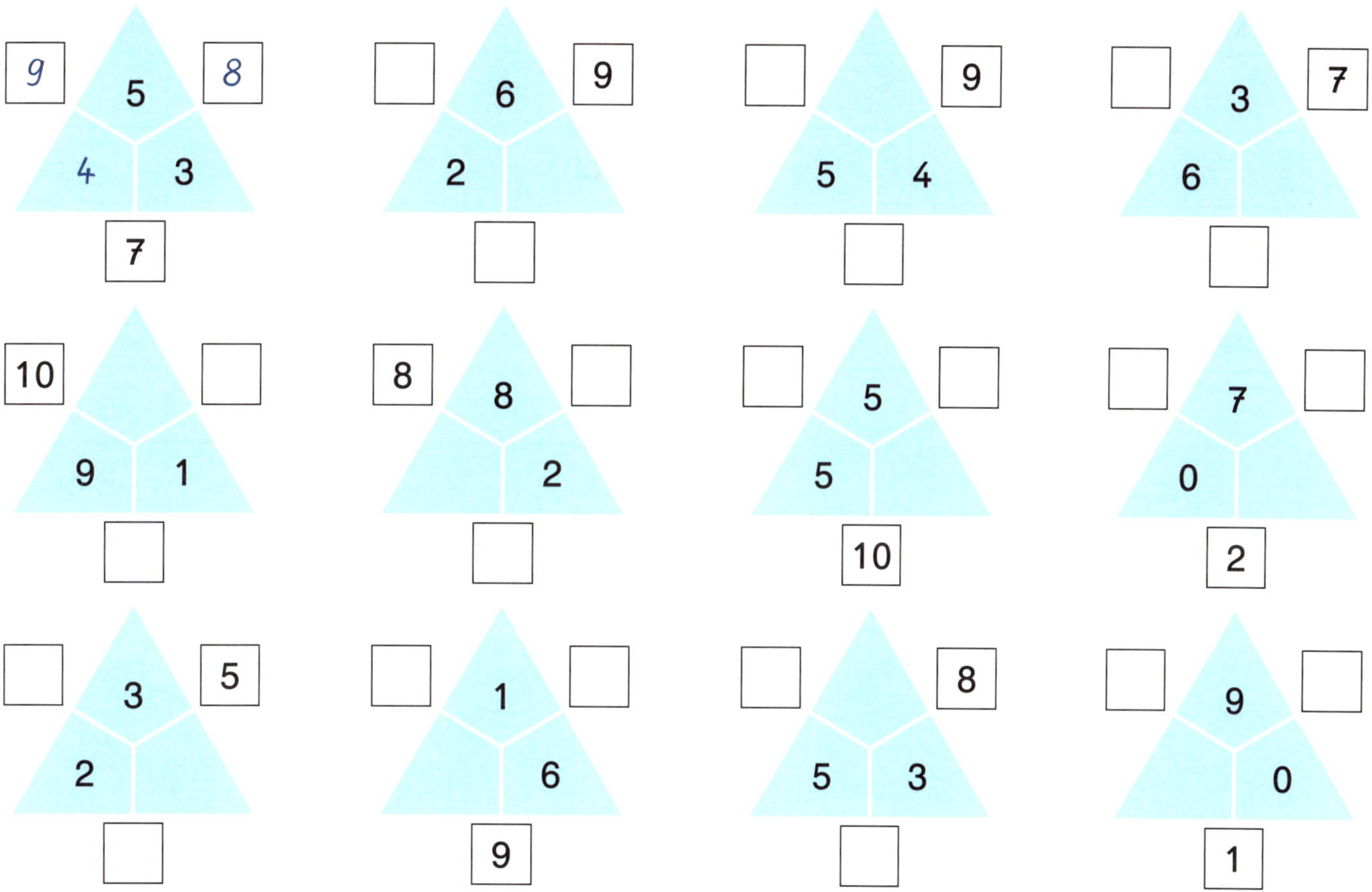
9 5 8 4 3 7
6 9 2
9 5 4
3 7 6
10 9 1
8 8 2
5 5 10
7 0 2
3 5 2
1 6 9
8 5 3
9 0 1

Geld – Cent

1

Münzen	Geldbetrag
5 1 1	7 ct
5 2 1	___ ct
5 2 2	___ ct

Münzen	Geldbetrag
5 1 2	___ ct
2 1 2	___ ct
2 2 2	___ ct

Münzen	Geldbetrag
5 1 1 1 1	___ ct
2 1 5 1 1	___ ct
2 1 2 1 2	___ ct

2

Münzen	Geldbetrag
○ ○ ○	3 ct
○ ○ ○	4 ct
○ ○ ○	5 ct

Münzen	Geldbetrag
○ ○ ○	6 ct
○ ○ ○	7 ct
○ ○ ○	9 ct

Münzen	Geldbetrag
○ ○ ○ ○ ○	5 ct
○ ○ ○ ○ ○	6 ct
○ ○ ○ ○ ○	7 ct

3

10 ct

8 ct

7 ct

5 ct

9 ct

5				
2 3	1 4	6 2	5 2	0 6

2 7	5 4	6 3	4 2	3 5

4 6	5 5	3 3	2 2	8 1

5	6	7	8	9
3	3	3	3	3

Rechenmauern

7		9		8		6	
2	5	2		2		2	

9		5		6		3	
	3		3		3		3

10		10		10		10		10	
	2		7	1		4			0

10		10		10		10		10	
9			5	3			8	6	

3 Zahlen – 4 Aufgaben

4 7 3

3 + 4 = 7

4 + 3 = ___

7 – 4 = ___

7 – 3 = ___

4 5 9

___ + ___ = ___

___ + ___ = ___

___ – ___ = ___

___ – ___ = ___

1 10 9

___ + ___ = ___

___ + ___ = ___

___ – ___ = ___

___ – ___ = ___

7 5 2

___ + ___ = ___

___ + ___ = ___

___ – ___ = ___

___ – ___ = ___

2 5 3

6 0 6

8 2 10

1 8 9

Die verdeckte Karte

1

2 + 4 = 6 | 1 + ___ = 9
5 + ___ = 8 | 0 + ___ = 6
7 + ___ = 9 | 4 + ___ = 8
3 + ___ = 4 | 2 + ___ = 7

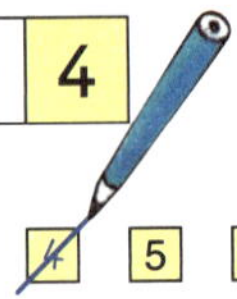

1 2 3 4 ~~4~~ 5 6 8

2

___ + 1 = 10 | ___ + 4 = 8
___ + 0 = 7 | ___ + 5 = 7
___ + 5 = 6 | ___ + 8 = 10
___ + 6 = 9 | ___ + 4 = 7

1 2 2 3 3 4 7 9

3

5 – ___ = 1 | 2 – ___ = 1
10 – ___ = 2 | 9 – ___ = 6
3 – ___ = 0 | 7 – ___ = 4
6 – ___ = 4 | 4 – ___ = 3

1 1 2 3 3 3 4 8

4

___ – 1 = 5 | ___ – 0 = 6
___ – 7 = 3 | ___ – 3 = 5
___ – 9 = 1 | ___ – 6 = 4
___ – 3 = 4 | ___ – 4 = 4

6 6 7 8 8 10 10 10

1

1	2	3	4	5		7	8		10
11		13		15			18	19	20

2

6	
	17

2	3
12	

8	
	19

	2
11	

9	
	20

	4
13	

3

	5	
		16

		6		
14				18

	19	

2		

4

	7	
16		

		3
11		

2			
			15

			10

Nachbarzahlen

8	9		16		18				12
	11		19		4				13
10		5		11		13	14		
19			17		15				20
	10		15	18		20			14

1

6 + 2 = 8
16 + 2 = 18

3 + 4 = ___
13 + 4 = ___

5 + 3 = ___
15 + 3 = ___

2 + 6 = ___
12 + 6 = ___

4 + 6 = ___
14 + 6 = ___

1 + 7 = ___
11 + 7 = ___

7 + 2 = ___
17 + 2 = ___

6 + 3 = ___
16 + 3 = ___

2

15 + 5 = ___
5 + 5 = ___

13 + 5 = ___
3 + 5 = ___

12 + 5 = ___
2 + 5 = ___

11 + 9 = ___
1 + 9 = ___

16 + 2 = ___
6 + 2 = ___

11 + 8 = ___
1 + 8 = ___

13 + 6 = ___
3 + 6 = ___

11 + 6 = ___
1 + 6 = ___

14 + 3 = ___
4 + 3 = ___

13 + 7 = ___
3 + 7 = ___

12 + 2 = ___
2 + 2 = ___

Verwandte Aufgaben

1

6 – 2 = 4	4 – 3 = ___	5 – 3 = ___	7 – 4 = ___
16 – 2 = 14	14 – 3 = ___	15 – 3 = ___	17 – 4 = ___
9 – 6 = ___	8 – 7 = ___	7 – 2 = ___	9 – 3 = ___
19 – 6 = ___	18 – 7 = ___	17 – 2 = ___	19 – 3 = ___

2

16 – 5 = ___	18 – 5 = ___	19 – 5 = ___	
6 – 5 = ___	8 – 5 = ___	9 – 5 = ___	
16 – 4 = ___	16 – 2 = ___	19 – 4 = ___	16 – 3 = ___
6 – 4 = ___	6 – 2 = ___	9 – 4 = ___	6 – 3 = ___
18 – 6 = ___	20 – 6 = ___	20 – 7 = ___	19 – 8 = ___
8 – 6 = ___	10 – 6 = ___	10 – 7 = ___	9 – 8 = ___

1

13 + 2 = ___ 12 + 4 = ___ 13 + 3 = ___ 12 + 8 = ___

3 + 2 = ___ 2 + 4 = ___ 3 + 3 = ___ 2 + 8 = ___

18 − 6 = ___ 19 − 7 = ___ 13 − 2 = ___ 15 − 5 = ___

8 − 6 = ___ 9 − 7 = ___ 3 − 2 = ___ 5 − 5 = ___

2 Finde die verwandte Aufgabe und rechne.

20 − 4 = ___ 18 − 3 = ___ 17 − 5 = ___ 20 − 8 = ___

10 − 4 = ___ ___ − ___ = ___ ___ − ___ = ___ ___ − ___ = ___

15 + 5 = ___ 14 + 2 = ___ 12 + 8 = ___ 16 + 3 = ___

___ + ___ = ___ ___ + ___ = ___ ___ + ___ = ___ ___ + ___ = ___

11 + 6 = ___ 16 − 5 = ___ 16 + 4 = ___ 19 − 8 = ___

___ + ___ = ___ ___ − ___ = ___ ___ + ___ = ___ ___ − ___ = ___

1

___ €

___ €

___ €

___ €

___ €

2 Lege und male.

14 €	17 €	16 €	19 €

3 Finde verschiedene Möglichkeiten.

20 €	20 €	20 €	20 €

1 Verdopple.

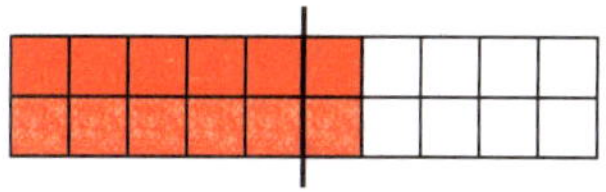

6 + *6* = ___

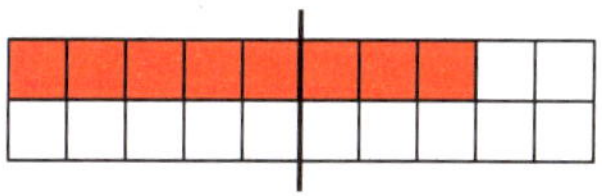

___ + ___ = ___

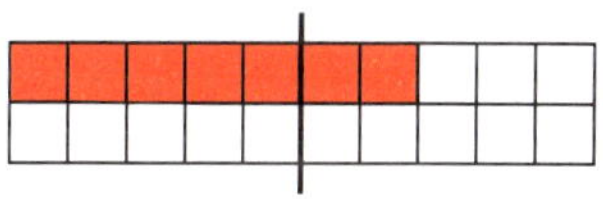

___ + ___ = ___

5 + 5 = ___

10 + 10 = ___

2 + 2 = ___

4 + 4 = ___

3 + 3 = ___

9 + 9 = ___

1 + 1 = ___

2 Halbiere.

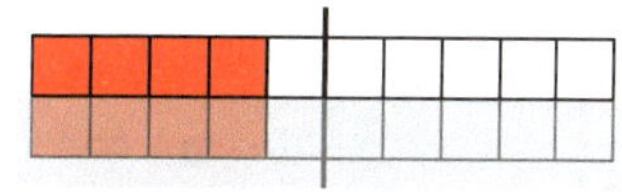

8 = *4* + ___

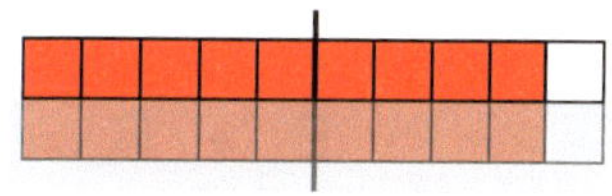

___ = ___ + ___

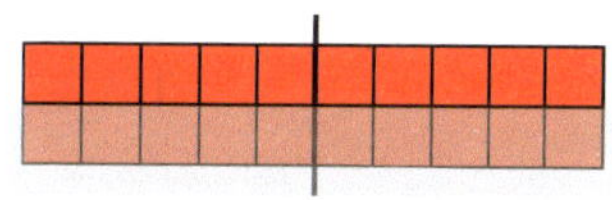

___ = ___ + ___

12 = ___ + ___

16 = ___ + ___

4 = ___ + ___

6 = ___ + ___

10 = ___ + ___

14 = ___ + ___

2 = ___ + ___

3

Zahl	10	7	9	6	5
das Doppelte					

4

Zahl	20	12	8	14	16
die Hälfte					

Nachbaraufgaben

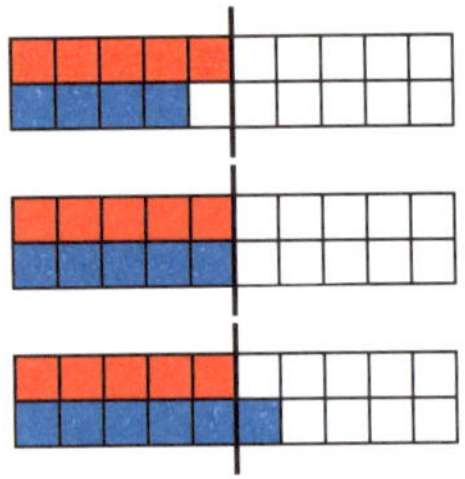

5 + ___ = ___

5 + 5 = ___

5 + ___ = ___

1

4 + 3 = ___
4 + 4 = ___
4 + 5 = ___

6 + 5 = ___
6 + 6 = ___
6 + 7 = ___

2

7 + 7 = ___
8 + 7 = ___
8 + 8 = ___

6 + 6 = ___
7 + 6 = ___
7 + 7 = ___

8 + 8 = ___
9 + 8 = ___
9 + 9 = ___

3

___ + ___ = ___
6 + 7 = ___

___ + ___ = ___
8 + 9 = ___

___ + ___ = ___
5 + 6 = ___

___ + ___ = ___
6 + 5 = ___

4

___ + ___ = ___
4 + 3 = ___

___ + ___ = ___
10 + 9 = ___

___ + ___ = ___
7 + 8 = ___

___ + ___ = ___
4 + 5 = ___

Nachbaraufgaben

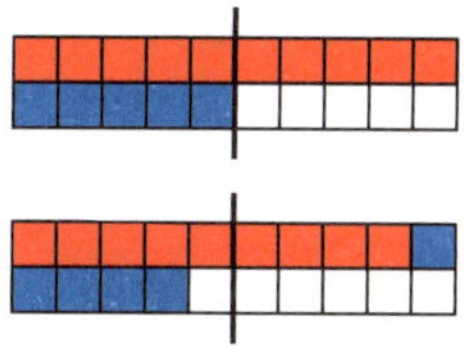

10 + 5 = ___

9 + 5 = ___

1

10 + 7 = ___	10 + 3 = ___	10 + 6 = ___
9 + 7 = ___	9 + 3 = ___	9 + 6 = ___

2

___ + ___ = ___	___ + ___ = ___	___ + ___ = ___	___ + ___ = ___
9 + 5 = ___	9 + 2 = ___	9 + 8 = ___	9 + 4 = ___

3

6 + 10 = ___	8 + 10 = ___	2 + 10 = ___	4 + 10 = ___
6 + 9 = ___	8 + 9 = ___	2 + 9 = ___	4 + 9 = ___

4

___ + ___ = ___	___ + ___ = ___	___ + ___ = ___	___ + ___ = ___
5 + 9 = ___	3 + 9 = ___	7 + 9 = ___	9 + 9 = ___

1

10 = 9 + ___ | 10 = ___ + 1
10 = 7 + ___ | 10 = ___ + 8
10 = 3 + ___ | 10 = ___ + 10
10 = 6 + ___ | 10 = ___ + 5
10 = 2 + ___ | 10 = ___ + 4
10 = 0 + ___ | 10 = ___ + 7

2

8 + ___ = 10 | ___ + 4 = 10
6 + ___ = 10 | ___ + 9 = 10
5 + ___ = 10 | ___ + 0 = 10
3 + ___ = 10 | ___ + 2 = 10
7 + ___ = 10 | ___ + 5 = 10
0 + ___ = 10 | ___ + 3 = 10

3

8 = 4 + ___ | 8 = ___ + 5
6 = 2 + ___ | 9 = ___ + 3
7 = 5 + ___ | 10 = ___ + 7
5 = 3 + ___ | 6 = ___ + 2
7 = 4 + ___ | 7 = ___ + 4

4

___ + 6 = 9 | 7 + ___ = 8
___ + 2 = 8 | 5 + ___ = 9
___ + 5 = 8 | 3 + ___ = 7
___ + 3 = 9 | 2 + ___ = 9
___ + 3 = 6 | 1 + ___ = 9

1

8 + 3 = ___
8 + 2 + 1 = ___

7 + 4 = ___
7 + 3 + 1 = ___

8 + 4 = ___
8 + 2 + 2 = ___

7 + 5 = ___
7 + 3 + 2 = ___

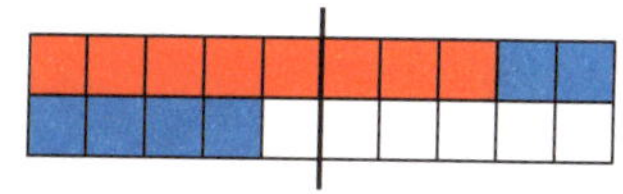

8 + 6 = ___
8 + 2 + ___ = ___

2

9 + 3 = ___
9 + 1 + ___ = ___

9 + 5 = ___
9 + 1 + ___ = ___

7 + 8 = ___
7 + 3 + ___ = ___

5 + 8 = ___
5 + 5 + ___ = ___

6 + 5 = ___
6 + 4 + ___ = ___

6 + 9 = ___
6 + 4 + ___ = ___

3

9 + 4 = ___
9 + ___ + ___ = ___

7 + 6 = ___
7 + ___ + ___ = ___

9 + 8 = ___
9 + ___ + ___ = ___

Werkzeugkoffer für Rechenwege ⊕

1

7 + 9 = ___
7 + ___ + ___ = ___

6 + 7 = ___
___ + ___ + ___ = ___

5 + 8 = ___
___ + ___ + ___ = ___

6 + 8 = ___
6 + ___ + ___ = ___

7 + 8 = ___
___ + ___ + ___ = ___

8 + 9 = ___
___ + ___ + ___ = ___

9 + 5 = ___
9 + ___ + ___ = ___

5 + 7 = ___
___ + ___ + ___ = ___

4 + 7 = ___
___ + ___ + ___ = ___

2

9 + 6 = ___
10 + 6 − 1 = ___

9 + 4 = ___
___ + ___ − ___ = ___

9 + 7 = ___
___ + ___ − ___ = ___

8 + 9 = ___
___ + ___ − ___ = ___

3 + 9 = ___
___ + ___ − ___ = ___

5 + 9 = ___
___ + ___ − ___ = ___

1

6 + 7 = ___

6 + 6 (+) 1 = ___

6 + 5 = ___

___ + ___ ◯ ___ = ___

7 + 8 = ___

___ + ___ ◯ ___ = ___

8 + 7 = ___

___ + ___ ◯ ___ = ___

8 + 9 = ___

___ + ___ ◯ ___ = ___

7 + 6 = ___

___ + ___ ◯ ___ = ___

2 Rechne auf deinem Weg.

9 + 4 = ___

7 + 6 = ___

9 + 6 = ___

8 + 7 = ___

5 + 7 = ___

5 + 9 = ___

4 + 8 = ___

8 + 9 = ___

6 + 7 = ___

Umkehraufgaben

1

13 – 6 = 7
__ + 6 = 13

15 – 7 = __
__ + 7 = 15

12 – 4 = __
__ + 4 = 12

17 – 8 = __
__ + 8 = 17

11 – 5 = __
__ + 5 = 11

10 – 6 = __
__ + 6 = 10

13 – 8 = __
__ + 8 = 13

11 – 8 = __
__ + 8 = 11

12 – 6 = __
__ + 6 = 12

2

16 – 9 = __
__ + __ = __

14 – 7 = __
__ + __ = __

15 – 6 = __
__ + __ = __

14 – 9 = __
__ + __ = __

12 – 7 = __
__ + __ = __

11 – 4 = __
__ + __ = __

13 – 9 = __
__ + __ = __

11 – 3 = __
__ + __ = __

1

17 – 5 = 12	12 – 2 = ___	13 – 1 = ___	12 – 1 = ___
18 – 2 = ___	15 – 4 = ___	14 – 2 = ___	16 – 6 = ___
19 – 4 = ___	16 – 5 = ___	15 – 0 = ___	19 – 3 = ___
16 – 5 = ___	19 – 8 = ___	18 – 4 = ___	20 – 5 = ___

2 Rechne mit dem rosa Koffer.

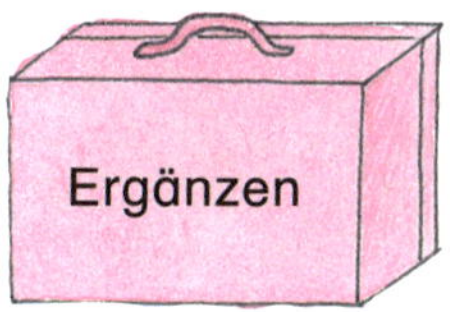

11 – 8 = 3
8 + 3 = 11

18 – 13 = ___
13 + ___ = 18

13 – 9 = ___
9 + ___ = 13

12 – 7 = ___
7 + ___ = 12

14 – 6 = ___
6 + ___ = 14

19 – 12 = ___
12 + ___ = 19

11 – 7 = ___
7 + ___ = 11

11 – 9 = ___
9 + ___ = 11

13 – 7 = ___
7 + ___ = 13

20 – 11 = ___
11 + ___ = 20

12 – 8 = ___
8 + ___ = 12

1 Rechne mit dem grünen Koffer.

15 – 9 = 6
15 – 10 + 1 = 6

17 – 9 = ___
17 – 10 + 1 = ___

14 – 9 = ___
14 – 10 + 1 = ___

13 – 9 = ___
13 – 10 + ___ = ___

16 – 9 = ___
16 – ___ + ___ = ___

12 – 9 = ___
12 – ___ + ___ = ___

2 Rechne mit dem gelben Koffer.

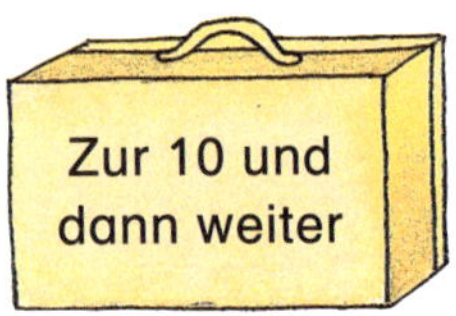

12 – 5 = 7
12 – 2 – 3 = 7

13 – 7 = ___
13 – 3 – 4 = ___

15 – 6 = ___
15 – 5 – ___ = ___

11 – 4 = ___
11 – 1 – ___ = ___

14 – 6 = ___
14 – 4 – ___ = ___

17 – 8 = ___
17 – ___ – ___ = ___

12 – 8 = ___
12 – ___ – ___ = ___

15 – 8 = ___
15 – ___ – ___ = ___

13 – 4 = ___
13 – ___ – ___ = ___

(11)

20 – 9
14 – ___
18 – ___
11 – ___
19 – ___
16 – ___
15 – ___
13 – ___
12 – ___
17 – ___

(15)

17 – ___
20 – ___
18 – ___
19 – ___
16 – ___
15 – ___

(16)

19 – ___
20 – ___
18 – ___

(8)

14 – ___
20 – ___
12 – ___
17 – ___
19 – ___
11 – ___
13 – ___
16 – ___
15 – ___
18 – ___
10 – ___

(5)

14 – ___
20 – ___
12 – ___
17 – ___
8 – ___
11 – ___
13 – ___
9 – ___
15 – ___
7 – ___
10 – ___

1

15 – 8 = ___
11 – 6 = ___
13 – 2 = ___
20 – 6 = ___
13 – 4 = ___
15 – 9 = ___
16 – 7 = ___
11 – 8 = ___
18 – 4 = ___
12 – 3 = ___
14 – 6 = ___
20 – 9 = ___

2

13 – 9 = ___
18 – 8 = ___
12 – 7 = ___
19 – 3 = ___
15 – 6 = ___
12 – 8 = ___
16 – 6 = ___
14 – 5 = ___

3

14 – ___ = 6
18 – ___ = 12
20 – ___ = 15
13 – ___ = 9
11 – ___ = 11
17 – ___ = 8
13 – ___ = 5
18 – ___ = 9
19 – ___ = 0
20 – ___ = 12
17 – ___ = 14
15 – ___ = 9

4

___ – 4 = 13
___ – 6 = 11
___ – 5 = 9
___ – 8 = 4
___ – 7 = 9
___ – 5 = 14
___ – 7 = 12
___ – 6 = 13
___ – 2 = 15
___ – 5 = 11
___ – 4 = 6
___ – 0 = 14

Entdeckerpäckchen mit Minusaufgaben

1 Rechne und setze fort.

19 − 7 = ___	12 − 4 = ___	14 − 5 = ___	11 − 2 = ___	20 − 10 = ___
19 − 6 = ___	13 − 4 = ___	15 − 6 = ___	11 − 4 = ___	19 − 8 = ___
19 − 5 = ___	14 − 4 = ___	16 − 7 = ___	11 − 6 = ___	18 − 6 = ___
19 − 4 = ___	___ − 4 = ___	___ − 8 = ___	11 − ___ = ___	17 − ___ = ___
19 − 3 = ___	___ − 4 = ___	___ − 9 = ___	___ − ___ = ___	___ − ___ = ___

2 Rechne und setze fort.

15 − 4 = ___	13 − 0 = ___	17 − 1 = ___	20 − 5 = ___	18 − 3 = ___
16 − 5 = ___	14 − 1 = ___	17 − 3 = ___	18 − 5 = ___	18 − 6 = ___
17 − 6 = ___	15 − 2 = ___	17 − 5 = ___	16 − 5 = ___	18 − 9 = ___
___ − ___ = ___	___ − ___ = ___	___ − ___ = ___	___ − ___ = ___	___ − ___ = ___
___ − ___ = ___	___ − ___ = ___	___ − ___ = ___	___ − ___ = ___	___ − ___ = ___

1

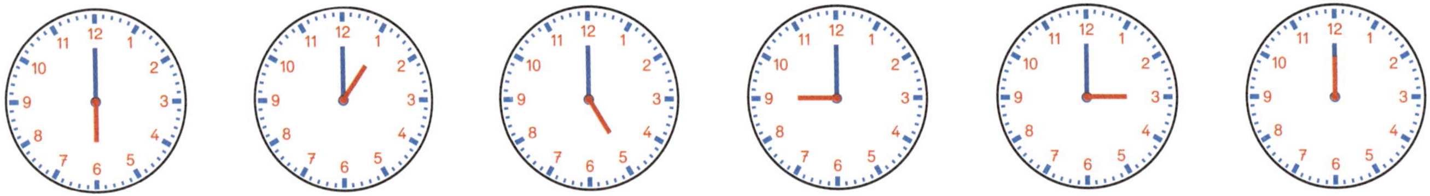

6 Uhr | ___ Uhr | ___ Uhr | ___ Uhr | ___ Uhr | ___ Uhr

18 Uhr | ___ Uhr | ___ Uhr | ___ Uhr | ___ Uhr | ___ Uhr

2

___ Uhr | ___ Uhr | ___ Uhr | ___ Uhr | ___ Uhr | ___ Uhr

___ Uhr | ___ Uhr | ___ Uhr | ___ Uhr | ___ Uhr | ___ Uhr

1

14 Uhr 

7 Uhr 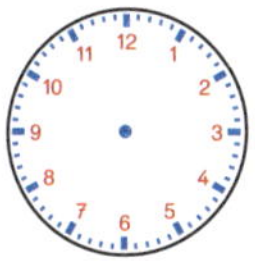

16 Uhr 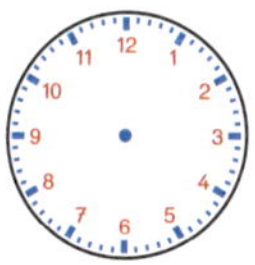

19 Uhr 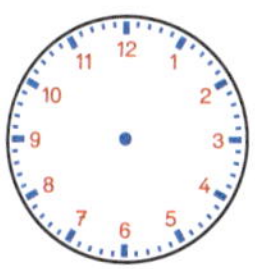

0 Uhr 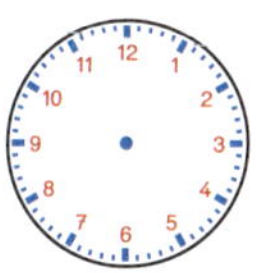

2

 2 Uhr — 2 Stunden → 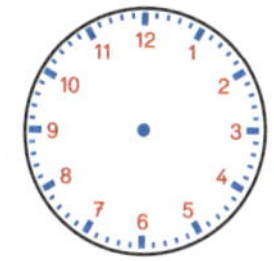 ___ Uhr

 16 Uhr — 5 Stunden → 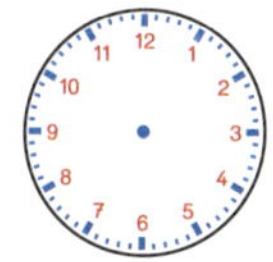 ___ Uhr

 ___ Uhr — ___ Stunden →  ___ Uhr

 ___ Uhr — ___ Stunden →  ___ Uhr

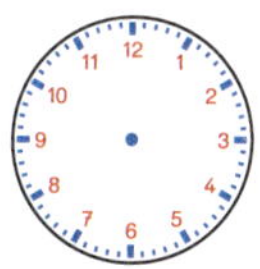 ___ Uhr — 6 Stunden →  ___ Uhr

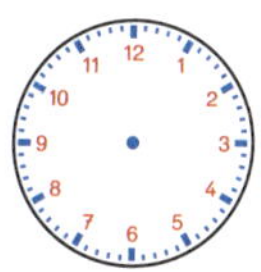 ___ Uhr — 7 Stunden →  ___ Uhr

1

6 + 9 = ___	9 − 6 = ___
7 + 5 = ___	8 − 3 = ___
8 + 4 = ___	7 − 6 = ___
9 + 8 = ___	5 − 5 = ___

2

12 + 5 = ___	18 − 3 = ___
16 + 4 = ___	15 − 4 = ___
11 + 8 = ___	16 − 5 = ___
13 + 6 = ___	12 − 3 = ___

3

6 + ___ = 12	9 − ___ = 2
5 + ___ = 11	7 − ___ = 5
9 + ___ = 17	8 − ___ = 1
2 + ___ = 9	6 − ___ = 2

4

13 + ___ = 18	20 − ___ = 12
11 + ___ = 15	16 − ___ = 9
16 + ___ = 17	14 − ___ = 6
18 + ___ = 19	17 − ___ = 9

5

___ + 7 = 15	___ − 4 = 6
6 + ___ = 14	7 − ___ = 7

6

18 + ___ = 20	12 − ___ = 4
___ + 12 = 16	___ − 8 = 11

	7			
4		3		5

6		1		3

5		5		4

6		2		7

			8	
3		2		

	9			
		4		2

			8	
5		3		

	7			
		6		3

		20		
	16			
14				

		18		
			12	
		3		

		15		
	8			
		3		

		13		
			6	
5				

		16		
	9			
				3

		20		
	10			
				2

		14		
	8			
		4		

		19		
			16	
		1		

1 Baue verschiedene Mauern mit den Grundsteinen: 4 3 5

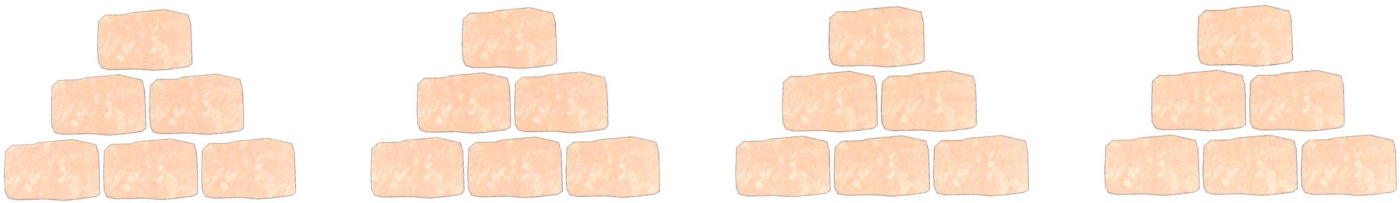

2 Trage die Zahlen so ein, dass der Zielstein möglichst klein ist.

3 Finde verschiedene Möglichkeiten.

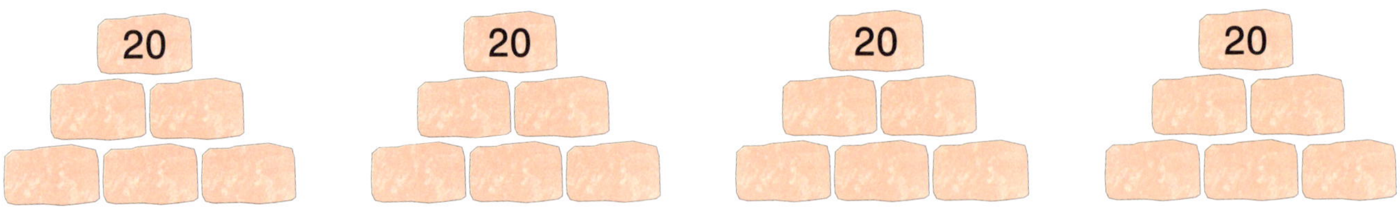

Innenzahlen: Zusammen sind es immer 12.

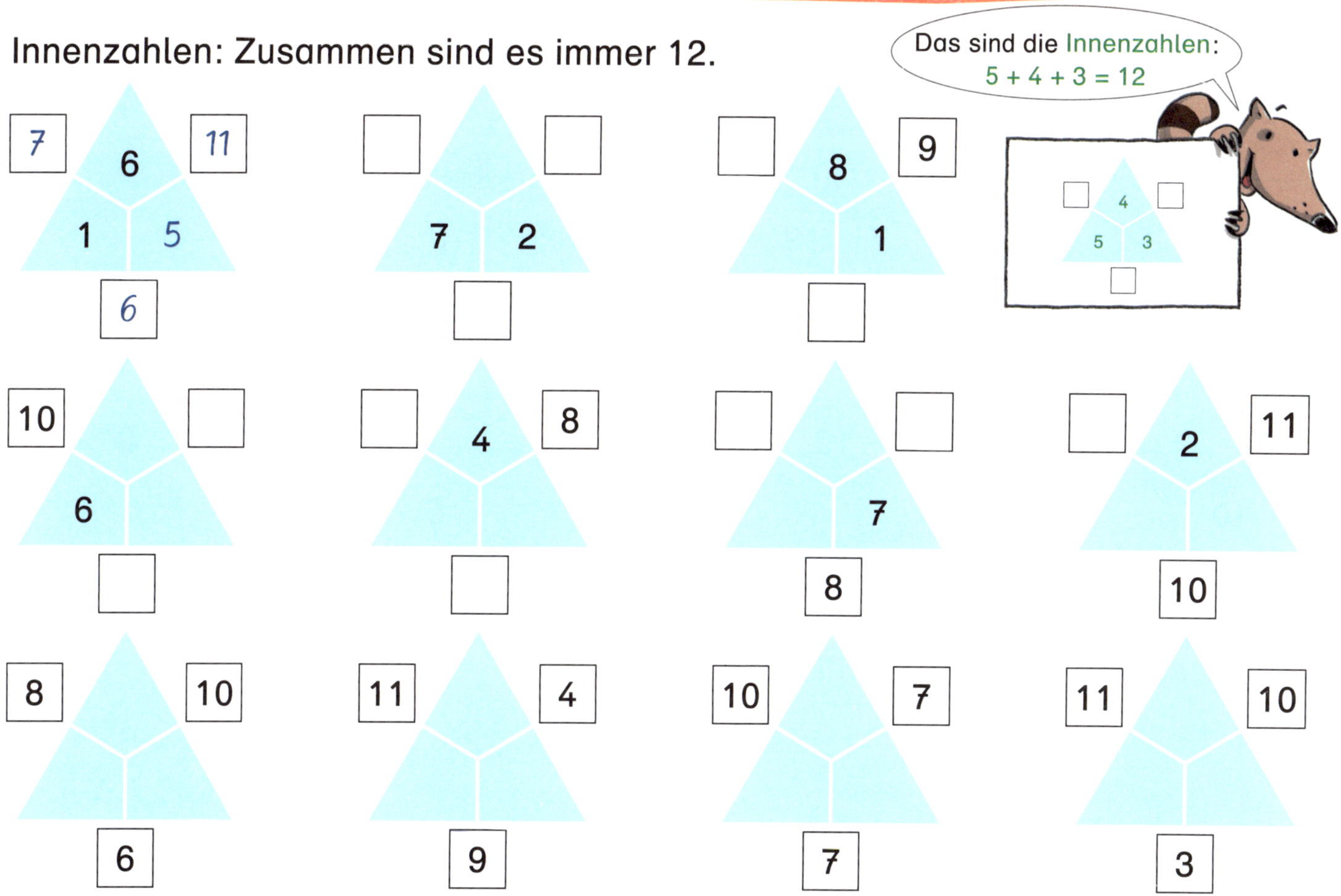

Innenzahlen: Zusammen sind es immer 18.

	Outer box top left	Outer box top right	Outer box bottom	Inner top	Inner bottom left	Inner bottom right
1	14	10	12	6	8	4
2					7	9
3				8		3
4				4	5	
5	15				10	
6		15		12		
7			11			8
8		11		9		
9	12	12	12			
10	14	14	8			
11	18	9	9			
12	11	12	13			

1 Vergleiche: größer als (>) oder kleiner als (<)?

7 + 2 ○ 6 + 4	12 – 3 ○ 15 – 2	9 + 8 ○ 6 + 10
9 + 2 ○ 4 + 8	18 – 6 ○ 13 – 2	4 + 7 ○ 2 + 11
7 + 8 ○ 9 + 5	16 – 4 ○ 19 – 4	6 + 0 ○ 0 + 8
8 + 3 ○ 6 + 7	15 – 1 ○ 18 – 2	13 + 2 ○ 11 + 3
1 + 9 ○ 6 + 3	17 – 5 ○ 14 – 1	12 + 5 ○ 4 + 14

2 Trage eine passende Zahl ein.

8 + 5 (>) 7 + ___	9 – 2 (<) 9 – ___	6 + ___ (>) 7 + 3
4 + 9 (>) 8 + ___	8 – 3 (<) 9 – ___	8 + ___ (>) 7 + 4
7 + 7 (>) 9 + ___	5 – 3 (<) 8 – ___	7 + ___ (>) 9 + 5
2 + 3 (>) 3 + ___	6 – 1 (<) 7 – ___	5 + ___ (>) 6 + 3

Male hier für jede
gelöste Seite ein Feld aus.
Wie fit bist du schon?
1
2
3
4
5
6
7
8
9
10
11
12
13
14
15
16
17
18
19
20
21
22
23
24
25
26
27
28
29
30
31
32
33
34
35
36
37
38
39
40
41
42
43
44
45
46
47
48
49
50
51
52
53
54
55
56
57
58
59
60
61
62
63